Collège Expérimental d'Aviculture

de Château-Thierry

Château de Blesmes

Cours Complet

par correspondance

Treizième Leçon

Collège Expérimental d'Aviculture de Château-Thierry

Château de Blesmes

Cours Complet

par correspondance

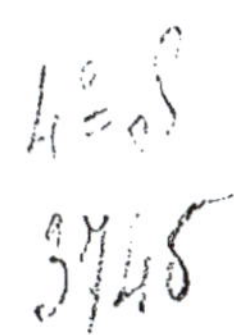

Le Poulailler de Ponte

OMME son nom l'indique, le poulailler de ponte est celui qui contient les pondeuses. Il renferme les poulettes (première année de ponte) et les poules de deux ans conservées.

Le poulailler de ponte doit être clair, aéré, sec, confortable, assez chaud, solide et le service doit y être facile.

Construit ainsi que nous l'avons indiqué dans la cinquième leçon, il donnera d'excellents résultats. Un bon poulailler ne fera pas pondre de mauvaises poules, mais dans un mauvais poulailler d'excellentes volailles ne donneront pas satisfaction surtout en hiver, elles se montreront au-dessous de leur valeur et risqueront de voir leur santé s'amoindrir. Pas d'aviculture productive sans excellents poulaillers.

Nous nous élevons ici contre la presque totalité des poulaillers vendus dans le commerce, dans lesquels il est presque impossible de se tenir debout ou dont les parois sont trop minces (trop hygrométriques et trop froides), dont le toit est recouvert de tôle ou de goudronné, sans valeur, froid et humide, qui sont vendus pour un nombre de poules infiniment supérieur à celui qu'ils peuvent vraiment abriter avec succès. Ces poulaillers manquent de confort et de solidité. Voyez les catalogues où ils figurent : on s'y garde bien d'y mentionner l'épaisseur des matériaux qui les composent. Combien en avons-nous vus (et de différentes maisons) ouverts, abattus par le vent ! Et dans une vallée abritée, encore.

Enfin nous estimons que ces poulaillers, appelés souvent « américains ou canadiens », afin de les vendre, se composant parfois de deux parties : d'un dortoir obscur et exigu et d'un abri à gratter, ne sont pas rationnels, quoiqu'on en dise. Dans un bon poulailler, la pondeuse doit toujours respirer un air pur et même le matin avant le réveil de l'aviculteur, pouvoir gratter dans la litière. Même la nuit, et surtout la nuit, l'aération et la température doivent pouvoir être réglées, ce qui est impossible dans des dortoirs exigus, obscurs et malsains. Ces poulaillers, de plus, ne sont pas pratiques ni pour le service ni pour le nettoyage. On a jeté de la poudre aux yeux en leur adjoignant des pondoirs extérieurs, ce qui est la négation du bon sens.

Nous ne recommandons pas non plus les poulaillers dont le plancher est trop haut et laisse un abri sous lui où les volailles vont pondre et où le sol est toujours sale et infect. On ne peut même pas se tenir debout dans ces poulaillers, il faut y ramper et se heurter la tête au toit. Leur cube d'air est dérisoire.

Ces poulaillers « paraissent » être bon marché, parce qu'ils sont vendus pour un nombre de volailles bien supérieur à celui qu'ils peuvent contenir réellement ou qu'ils sont construits en matériaux d'épaisseur insuffisante ; mais les résultats qu'ils donnent sont nettement inférieurs et jamais intéressants.

DESCRIPTION DU POULAILLER DE PONTE

AMENAGEMENT INTERIEUR

Pas de nids s'ouvrant à l'extérieur pour les raisons que nous avons données et pour éviter le gel des œufs ; pas de trémies à charger extérieurement car le service ne peut s'y faire en temps de pluie. Les abreuvoirs peuvent cependant être logés dans des coffres s'ouvrant du dehors afin que le nettoyage, vidange et rinçage, soit plus facile ; en temps froid, le coffre peut être protégé par une chemise de foin pour éviter le gel ou retarder le refroidissement de l'eau tiède.

Les orifices de sortie seront vastes afin que plusieurs poules puissent passer à la fois ; ils seront hauts. Leur ouverture sera réglable afin que l'on puisse facilement compter les volailles et vérifier l'effectif aux sorties du matin. On pourra avantageusement faire commander leur ouverture et leur fermeture de l'intérieur afin que les vols soient rendus plus difficiles.

Le toit devra avoir une pente suffisante pour que les eaux de pluie s'écoulent facilement, il sera assez élevé pour que les gens de service puissent faire leur travail sans être gênés. On devra donc pouvoir se tenir debout au niveau antérieur de la planche à crottes. Le toit sera largement débordant en arrière et sur les côtés : les parois seront ainsi plus sèches et l'intérieur aussi.

Enfin la façade sera munie à sa partie supérieure d'un auvent incliné assez large pour empêcher la pluie de pénétrer par l'ouverture laissée par les rideaux de coton si ceux-ci sont ouverts ou de les mouiller s'ils sont fermés (ce qui les ferait pourrir rapidement et occasionnerait par évaporation une grande humidité à l'intérieur du poulailler). Mais l'auvent ne sera pas trop large afin de permettre aux rayons du soleil de toucher le fond du poulailler au-dessus des perchoirs.

Les vitres seront autant que possible de verre mi-double, plus épais et plus chaud que le verre simple. Les châssis de coton prennent tout le haut de la façade et ont de 0 m. 60 à 0 m. 80 de haut, les vitres sont en-dessous sur toute la longueur de la façade également et ont aussi de 0 m. 60 à 0 m. 80 de haut.

Les châssis de coton se relèvent de bas en haut et vont s'accrocher sous le toit, à l'intérieur, le plus haut possible afin que les volailles ne puissent s'y percher. Les vitres s'ouvrent à l'extérieur et de bas en haut. On les laisse généralement ouvertes à 45 degrés ou moins car leur ouverture est réglable.

Si les vitres s'ouvraient 1° de haut en bas à l'intérieur, le verre serait trop vite sali par les déjections, la partie intérieure de la façade du poulailler placée plus bas que les vitres ne pourrait être utilisée pour recevoir des trémies, etc... Si elles s'ouvraient de bas en haut à l'intérieur les poules seraient toujours dessus et les saliraient de leurs fientes. Si enfin elles s'ouvraient de haut en bas à l'extérieur, la pluie chassée obliquement en façade pénétrerait à l'intérieur du poulailler, même si ces vitres étaient maintenues très peu ouvertes. L'eau ruisselant sur la façade entrerait aussi dans le poulailler et il faut absolument éviter que la litière ne soit mouillée. Comme nous les plaçons, les vitres forment auvent au-dessus de leur ouverture, et un liteau horizontal cloué au-dessus de leur point d'attache empêche l'eau ruisselant sur la façade de se glisser à l'intérieur.

Le plancher, sous la planche à crottes, ne doit pas être **moins** éclairé que le reste : les volailles y paresseraient au lieu de gratter, y resteraient immobiles au lieu de se donner de l'exercice, y iraient pondre même au lieu de le faire dans les nids. Aussi dans les poulaillers de trois mètres de largeur au moins, des baies vitrées placées à l'arrière du poulailler, sous la planche à crottes sont du plus heureux effet. Nous les aimons fixes, afin d'éviter les courants d'air, et garnies de verre dépoli ou peint à la chaux afin que les poules ne puissent voir ce qui se passe à l'extérieur. En effet, les volailles ne doivent point voir l'extérieur, afin d'oublier la liberté aussitôt qu'on les tient claustrées. Cette accoutumance se produit alors en peu de jours.

La litière sera donc en pleine lumière, même par temps brumeux et les poules gratteront à qui mieux mieux.

La fermeture des portes a son importance : elle doit être simple, solide et pratique : un bon loquet à deux boutons et une bonne serrure à passe-partout sont nécessaires. Pas de cadenas faciles à forcer, se rouillant et fonctionnant mal, pouvant être perdus ou dérobés. La porte sera suspendue par deux pentures la soutenant bien.

L'intérieur sera tel que nous l'avons déjà décrit : planches à crottes unies et bouvetées, mobiles sur des consoles montées à queue d'aronde, le tout pouvant être enlevé en quelques minutes. Les perchoirs isolés de tous côtés n'offriront que des points de contact avec le fond et la planche à crottes. Ils sont généralement longitudinaux, c'est-à-dire placés dans le sens de la façade, mais ils peuvent être latéraux, placés dans le sens de la profondeur. Chaque barre pourra être encastrée dans le bâti et pourra être mobile : on ne laissera ainsi aux volailles que le strict nécessaire de place pour se percher en hiver : elles seront plus près les unes des autres et auront plus chaud. En été, on pourra remettre des perchoirs si nécessaire ou en enlever au fur et à mesure que l'on élimine les poules ayant terminé leur ponte : On enlève également les planches à crottes devenues inutiles : économies au nettoyage.

Tout le petit matériel sera suspendu afin de ne pas diminuer le champ d'exercice de la volaille. Les trémies et les rateliers seront accrochés aux parois ou seront sur pieds de 80 cm. de haut, moins haut que les perchoirs afin que les poules ne s'y perchent pas la nuit. Les nids-trappes seront aussi suspendus aux parois ou à la planche à crottes ce qui rend les vitres d'arrière encore plus nécessaires. Les poules se donneront encore plus d'exercices en sautant des trémies aux abreuvoirs, etc... Enfin de petites mangeoires placées à 0 m. 50 ou 0 m. 60 au-dessus de la litière, sans perchoirs, permettront aux coqs, s'il y en a, d'atteindre le supplément de grain qu'on leur donnera pendant la saison des œufs à couver afin de les rendre plus ardents. De plus, chacun a remarqué que certains coqs sont galants pour leurs compagnes au point de se priver en leur faveur des graines qu'ils trouvent. Il faut donc leur permettre de s'octroyer un supplément. Les trémies seront assez vastes pour contenir de la nourriture sèche pour 8 à 15 jours. Des augettes à pâtée humide pourront être employées : les plus simples et les moins coûteuses sont les meilleures. Le repas durant peu de temps et ces augettes étant enlevées aussitôt que le repas est terminé, de simples augettes plates de 15 à 20 cm. de large, à bords verticaux de 10 cm. sont les plus portatives. On peut, quand elles ne sont pas dans les poulaillers, les empiler les unes sur les autres, elles ne tiennent alors pas de place. Les auges à verdure hachée sont de dimensions plus grandes parce que moins nombreuses. Elles peuvent être de construction semblable ou munies d'un toit et d'un ratelier.

Pour la verdure entière. des rateliers suspendus aux parois font parfaitement l'affaire. Enfin les bains de poussière, arrosés de temps en temps à l'eau crésylée ou lysolée à 4 gr. par litre, sont placés à même le plancher, dans les endroits les plus éclairés afin que les poules n'y aillent pas pondre.

Un petit réduit communiquant directement avec les grands poulaillers pourra leur être joint : C'est là que l'on préparera l'avoine germée destinée au poulailler. que l'on rangera les outils, raclette. brosse. chiffons. fourche, racloir, râteau ; que l'on rangera les sacs de nourriture : Il vaut mieux une fois par mois, par exemple, conduire à chaque grand poulailler les grains et les farines dont on a besoin et y préparer les pâtées sèches et humectées que de voiturer sans cesse des nourritures toutes faites. Une très grande économie en résulte. La personne chargée du poulailler a tout sous la main et n'est pas excusable si des à-coups se produisent dans l'entretien de ce poulailler. Si l'on a cependant un pétrin mécanique on ne suivra pas cette méthode. On pourra avoir dans cette pièce un poêle et de l'eau sous pression. Ainsi, dans les établissements indus-

triels modernes où le plus grand nombre de têtes sont sous le même
toit, le service sera considérablement simplifié. La théorie améri-
caine : Un hectare, 1.000 poules, un homme, ne peut être mise en
pratique qu'à ces conditions.

Chacun devra s'inspirer de ces données suivant son but et
l'étendue de son élevage. Il y a évidemment des cas d'espèce.

Voici maintenant quelles dimensions à donner au poulailler
de ponte. De trois à 6 mètres de' profondeur, préférez les toits à
double pente, aération par le plafond. Pour que l'on puisse avoir une
profondeur supérieure à 6 mètres, il faut employer les poulaillers
monitors ou plutôt les semi-monitors. Or, ces poulaillers très en
vogue en Californie, sont très chers de construction ; les ouvertures
du toit provoquent presque fatalement les courants d'air avec celles
de la façade inférieure. Nous sommes donc limités à deux types :
Le toit à double pente avec aération par le plafond d'une part, le
toit en appentis pour les petits poulaillers.

Comme hauteur de fond, comptons 1 m. 50. Les poules, avons-
nous dit, doivent percher très près du toit ; elles en sont isolées,
ainsi que du fond, par la double cloison du rear ventilator. Elles y
ont chaud et y sont à l'aise. Un rideau de toile pourra être descendu
devant elles le soir, mais nous n'aimons pas ce procédé qui main-
tient longtemps le matin les volailles sur les perchoirs, raccourcit
leur journée de travail et par conséquent de production.

Quant à la surface à donner à chaque poule, elle ne peut être
fixée définitivement : Elle dépend de la saison, de la forme du
poulailler, de la race, du régime adopté, de la surface du poulailler
même. Il faut plus de place en hiver qu'en été, parce que les œufs
étant plus chers et plus rares en cette saison, plus d'exercice est
nécessaire. Cet exercice réchauffera d'ailleurs mieux les pondeuses.
Le grain étant disséminé dans plus de litière, les poules devront
travailler davantage pour le manger.

Le nombre de poules au mètre carré ou « densité » sera moins
élevé dans un long couloir que dans un poulailler profond (Atkinson)

Il faut moins de place à des volailles légères qu'à des volailles
lourdes, car celles-ci remuent davantage de litière à chaque coup
de patte et doivent travailler davantage pour ne pas engraisser.

Sous le régime de la claustration, la densité des poules doit
être moins grande que sous les autres régimes : Trois poules au
mètre carré dans les poulaillers moyens (de 100 têtes) est une
honnête densité ; si les poulaillers sont très petits, 2 poules et demie,

mais dans les poulaillers vastes, de 300 à 1.000 poules, non compartimentés, on pourra mettre en moyenne 4 poules au mètre carré. Ces chiffres sont encore subordonnés au travail et à la science de l'aviculteur : Tels aviculteurs obtiendront de bons résultats dans les poulaillers où la densité est encore plus grande. Chaque aviculteur est donc juge de ce qu'il doit faire dans son cas particulier. Débutez avec 3 poules au mètre carré.

Le poulailler doit-il être cloisonné ? C'est une question assez complexe et qui dépend de la façon dont travaille chaque aviculteur. Comme en principe chaque poulailler ne doit contenir que des poulettes de même âge ou de même état d'avancement lorsque l'on ne possède qu'un seul poulailler, celui-ci devra être cloisonné. Le cloisonnement augmente le prix du poulailler et exige le cloisonnement du terrain lorsque l'on ne pratique pas le système intensif, et même quand on le pratique. Les soins spéciaux donnés en temps de mue exigent le cloisonnement du poulailler.

Combien doit-on mettre de volailles par compartiment ? Etant en Angleterre au début de l'année 1922, nous lisions dans un journal avicole anglais le résultat d'une enquête faite sur ce sujet. Les avis des aviculteurs y ayant pris part étaient partagés, mais la majorité d'entre eux disaient que plus le poulailler contient un nombre réduit de têtes et plus la ponte est bonne. D'autre part, M. Atkinson nous apprend qu'il préfère les compartiments de 400 têtes. Ce sont des avis contradictoires qui ont tous leurs raisons. Dans les compartiments abritant un faible nombre de poules, la ponte est incontestablement meilleure que si le nombre est très élevé. Mais les installations reviennent alors si cher, la main-d'œuvre coûte tellement, qu'il n'y a pas de supplément de profit. D'autre part, c'est dans ces compartiments de 400 têtes que M. Atkinson établit ses nombreux records de 300 œufs et plus par poulette. Ces compartiments de 400 têtes lui donnent les bénéfices les plus grands. D'autres aviculteurs emploient délibérément les compartiments de 1.000 pondeuses avec profit, mais nous pensons que le bénéfice produit par tête est moins que dans ceux de 400 poules.

La tenue en bonne santé d'un très grand poulailler est plus difficile que celle d'un plus petit ; aussi nous pouvons nous contenter de 400 têtes dans chacun d'eux, voire même de 300. Nous y ferons mieux notre apprentissage et les résultats y seront meilleurs.

Prenons un juste milieu. Un vaste bâtiment pourra contenir

4 de ces compartiments avec, au milieu, une salle de préparation de nourritures.

Le poulailler devra être tenu dans un état parfait de propreté. Nous vous avons donné à ce sujet des directions précises sur lesquelles nous n'avons plus besoin de revenir.

Lorsque les volailles sont claustrées, les parquets n'ont pas besoin d'être très vastes, car toutes les pondeuses devant faire des reproductrices en ont l'accès en bonne saison seulement (avant la mue). Inutile de les prévoir doubles : Chaque automne le parquet sera retourné et immédiatement ensemencé en gazon et petit trèfle. Ainsi les volailles auront au printemps suivant une verdure jeune et fraîche. Vous n'aurez pas d'infection du sol à craindre. Compter pour ces parquets une surface de 5 mètres carrés par tête de pondeuse. Vous y aurez les pondeuses suivant la densité de 2.000 têtes à l'hectare, ce qui est maintenant considéré comme suffisant et économique (claustration d'hiver).

Mais si vous faites de la sélection, comptez donner au moins 20 m2 en parquets doubles, par tête de pondeuses : Vous en mettrez ainsi 500 à l'hectare.

Ce qui importe dans ces parquets, ce sont les abris qui donneront de l'ombre à la volaille en été. Si les parquets ne sont pas complantés en arbres, vous devrez édifier des abris artificiels en paille, ou mieux, en joncs, ajoncs, genêts, fascines, etc.

Lorsque les volailles sont claustrées et même dans tous les cas, le soleil frappant en façade provoque un échauffement nuisible de l'air contenu dans les poulaillers. Si ceux-ci possèdent un rear ventilator ou système d'aération par le double fond (l'aération par le toit est encore meilleure), les volailles souffriront moins de la chaleur et vous leur plairez beaucoup si, dans les grandes chaleurs, vous tendez devant la façade des rideaux de toile de jute, accrochés à l'auvent et posés comme ceux qui protègent les terrasses des cafés ou des magasins. Ces rideaux peuvent glisser sur un fil de fer et venir quand ils ne sont pas en service, se ranger sur l'auvent. Quand la mauvaise saison est arrivée on les enlève pour les serrer à l'intérieur d'un bâtiment.

A l'aide des châssis de coton et des vitres du poulailler vous réglez l'aération. En été vous devez donner le maximum d'aération possible, car l'air du poulailler se vicie plus vite et les volailles craignent beaucoup plus la grande chaleur que le froid. Une trop grande chaleur fera diminuer la production beaucoup plus que le

froid. Elle favorise la couvaison. Réglez l'aération suivant les
nécessités et la température extérieure. Efforcez-vous de régler
l'aération de façon que l'air soit toujours pur, qu'il règne une
chaleur douce dans le poulailler et aussi — ce qui est important —
que la température y soit égale à toute heure du jour et de la nuit.
Vous pouvez pousser le soin jusqu'à posséder un thermomètre à
minima et un thermomètre maxima afin de bien régler cette égalité
de température : De 7 à 10 degrés est une moyenne qui favorise
grandement la ponte.

LA PRATIQUE DES NIDS-TRAPPES

Les nids-trappes sont des pondoirs qui retiennent prisonnière
la poule qui vient de pondre afin que l'on puisse tenir le contrôle
individuel de production et identifier les œufs pondus.

Les nids-trappes sont absolument nécessaires lorsque l'on veut
créer des lignées.

On aura donc dans chaque poulailler un nombre de nids-
trappes en rapport avec le nombre de pondeuses. Dnas les poulaillers de 100 têtes et plus on pourra n'avoir qu'un nid-trappe pour
4 pondeuses, mais ce nombre devra être porté à un nid pour trois
pondeuses dans les poulaillers plus petits abritant des pondeuses
sélectionnées. Il importe, en effet, qu'aucun œuf ne soit pondu en
dehors des nids, pour cela que la poule puisse en trouver un aussitôt qu'elle le désire. N'oublions pas qu'un acte est, chez les poules
comme chez les humains, un commencement d'habitude. La poule
qui a pondu dans la litière, voudra encore le faire le lendemain.
Quelle perte si cete poule est pleine de promesses ou une excellente
reproductrice ! Car il est impossible d'identifier les œufs pondus
hors-nids et dans la pratique ces œufs ne sont portés au compte
d'aucune pondeuse.

Pratique. — Les gestes doivent être en cette occasion particulièrement précis, rapides et doux. Voici la meilleure façon d'opérer
pour faire la relève.

Faire face au nid. De la main droite relever la trappe. De la
gauche, saisir la poule en passant un ou deux doigts entre ses
cuisses. La poule vous fait face quand elle a pondu. Lorsque
n'étant pas levée vous pensez qu'elle n'a pas encore pondu,

passez auparavant la main sous elle, vous saurez s'il y a un œuf ou non.

Imprimez à la poule un léger mouvement de bascule en avant afin que ses pattes ne viennent toucher l'œuf. Sortez la poule et appuyez-la sur la hanche gauche. L'oiseau a la tête tournée vers vous ; de la main droite, saisissez la bague de contrôle qui est à la patte gauche vers votre droite par conséquent. Lisez les chiffres qui doivent avoir leur sommet vers les orteils. Mettez la poule sur la litière en amortissant sa chute. De la main droite, prenez votre crayon qui est attaché à votre vêtement par une ficelle en même temps que vous saisissez l'œuf de la main gauche. Vous retirez l'œuf du nid en imprimant un mouvement de torsion à votre poignet afin que l'œuf ne vienne pas frapper la division transversale du tiroir. Si vous identifiez les œufs (pesée, vente ou conservation pour l'incubation) vous inscrivez sur chaque œuf, soit en son milieu, soit au gros bout, le numéro de la poule et le quantième du mois.

$$\text{Par exemple } 531 : \frac{5}{10}$$

Vous portez mention de cet œuf comme nous vous l'avons indiqué sur la carte collective ou sur le carnet de ponte avant de l'avoir déposé dans le panier *ad hoc.*

Aucun geste dans ce travail ne doit être inutile. C'est du taylorisme.

Au début de la ponte, visitez souvent les poulaillers, les poules qui chercheront à pondre au dehors des nids sont très rares. Mais mettez dans un nid tout oiseau cherchant à pondre ailleurs que dans cet endroit obscur et tentateur duquel dépassent pour rendre l'attirance plus forte quelques brins de paille.

Dans les poulaillers obscurs on trouvera le matin un très grand nombre d'œufs pondus sur la planche à crottes, car les volailles n'y voient pas suffisamment pour se déplacer. Ces œufs ne peuvent être attribués à aucune pondeuse et peuvent fausser considérablement le contrôle. Que dire maintenant de poulaillers si étroits que leurs fabricants nient l'utilité des nids-trappes ou bien, voulant ménager la chèvre et le chou, ne pouvant se résigner à fabriquer des poulaillers rationnels, mais ne voulant plus paraître adversaires des méthodes modernes, construisent..... des nids-trappes à placer à l'extérieur du poulailler, dans de petites cabanes spéciales ! En ce moment de novembre, il pleut et il vente, pauvres seraient nos poules si elles étaient obligées de sortir « par ce temps où l'on ne mettrait pas un chien dehors », et à plaindre serait notre praticien qui va dans quelques minutes, faire la relève lui-même. L'entêtement de l'homme n'a vraiment pas de limites.

Lorsque les volailles sont habituées au contrôle des nids-trappes, elles viennent dans notre main d'elles-mêmes, mais elles ne s'habituent jamais aux nids s'ouvrant par le dessus (pondoirs extérieurs). L'arrivée brutale de la lumière les effraie beaucoup, ce qui nuit à leur production.

Si la température est douce, les œufs peuvent rester dans le poulailler jusqu'au soir, pourvu qu'ils soient à l'abri des atteintes des volailles. Sinon ils seront transportés après chaque relève dans la salle de conservation dont nous avons parlé.

On les transporte dans des paniers dont le fond est incurvé plutôt que plat : On ne risque pas, lorsque l'on n'en a que quelques-uns, de les faire rouler et de les briser. Les poules ne brisent jamais leurs œufs dans les nids-trappes, car ceux-ci sont garnis de paille douce ; elles pourront cependant en mettre en pièces lorsque l'on aura trop tardé à faire la relève. Il faut beaucoup d'exactitude dans ce service, comme dans les autres d'ailleurs.

La pratique des nids-trappes n'a pas pour seule conséquence de permettre de connaître les meilleures pondeuses ou celles pondant les plus gros œufs ou d'identifier les œufs pour la pesée, la vente ou l'incubation ; elle aide l'aviculteur à se rendre compte de l'état général de son troupeau, à trouver les poules faibles ou maladives, à juger immédiatement si une poule demande à couver, ce qui permet d'appliquer le traitement avant que le mal ne soit devenu plus grand ; enfin elle permet au praticien de faire sur ses volailles toutes les remarques qu'il veut ; elle lui permet de s'apprendre à juger de la valeur d'une volaille d'après les caractères extérieurs, etc.

Cette pratique demande un maximum de 20 secondes par œuf récolté, en comptant les allées et venues dans le poulailler ; un homme rompu à ce travail peut faire la relève de deux à trois milliers de volaille par jour.

LES DIFFERENTS SYSTEMES DE TENUE DES PONDEUSES

Ce sont : 1° la liberté,
         2° la demi-liberté ou régime demi-intensif,
         3° la claustration ou régime intensif.

La Liberté. — En liberté, la poule est toujours dehors, elle ne rentre au poulailler que si elle le veut bien, ce qui ne lui arrive que pour pondre et manger, encore qu'elle ne se fasse parfois aucun scrupule de semer ses œufs au dehors.

Son parcours doit être au moins de 20 mètres carrés par tête, fort étendu par conséquent lorsqu'il s'agit de poulaillers populeux. Elle a tôt fait de débarrasser son parquet des proies vivantes qu'il pouvait contenir, et elle continue à chercher sans cesse sa proie illusoire, au dépend de son économie, puisque ce mouvement perpétuel n'est pas compensé par une absorption de nourriture. En liberté la poule « use » parfois sa nourriture à vagabonder au lieu de l'employer à faire des œufs. S'il fait froid, par contre, elle restera immobile au lieu de se réchauffer à gratter dans une bonne litière pour trouver des grains riches en amidon ou en graisse, producteurs de calories. On a prétendu que la liberté était un régime qui permettait à la volaille d'acquérir la meilleure santé. Nous disons oui, dans la période de croissance, mais ce régime de liberté, dans des conditions mauvaises, semble-t-il donc l'idéal pour la pondeuse, pour la machine à œufs qu'elle doit être ? Nous n'avons pas besoin de répondre.

Certes, à recevoir des averses, à être soumise aux effets de l'humidité et du vent, il semble que la poule acquière une très grande rusticité. Mais semblables à ces petits gamins des champs, élevés à la dure, elles sont ou très fortes, parce qu'elles ont trouvé en elles les éléments d'une bonne résistance, ou très faibles, car elles peuvent souvent abriter une tuberculose cachée. Si l'aviculteur préfère laisser ses poules en liberté, il devra veiller attentivement en constituant ses parquets de reproducteurs, à n'y mettre aucune volaille ne lui paraissant parfaitement saine, afin de ne pas faire entrer le loup dans la bergerie. Lorsque l'on a fait naître avant la saison afin d'avoir au printemps suivant d'excellentes reproductrices, le régime de liberté est le seul qui puisse être donné aux poulettes faisant leur ponte d'hiver, parce que ces poulettes ne doivent pas être soumises à une ponte hivernale abondante et parce que, comme elles doivent être en liberté au printemps suivant, il vaut mieux la leur laisser constamment que la leur rendre à un moment où les mauvais temps sont fréquents et auraient une déplorable influence en cette saison. Au moment de récolter les œufs à couver, il importe absolument de ne pas changer la volaille de régime, surtout de lui en donner un moins bon que celui qu'elle avait précédemment.

Donc, nous n'admettons le régime de liberté en hiver que pour les poulettes ou poules qui doivent donner à la fin de l'hiver ou en hiver des œufs pour l'incubation.

La Claustration ou Régime Intensif. — La claustration est le régime qui consiste à tenir la pondeuse enfermée. On ne doit tenir enfermées que des volailles ne donnant que des œufs pour la consommation à moins que le poulailler ne soit petit et ne contienne qu'un coq. On ne doit soumettre au régime sévère de la claustration que des volailles ayant achevé leur croissance active, c'est-à-dire arrivées à maturité. La claustration est mauvaise pour les pondeuses trop précoces par conséquent. On ne doit y soumettre que des animaux vigoureux et parfaitement sains, car l'agglomération constitue toujours un risque, risque que l'on peut diminuer considérablement par les soins appropriés.

Les défenseurs du régime de liberté prétendent que celui-ci est le meilleur parce qu'il accorde aux volailles l'air pur, la lumière, le soleil, l'exercice.

Or, dans nos poulaillers modernes, les volailles jouissent d'autant d'air pur, de lumière, de soleil qu'en liberté. Les poulaillers modernes sont construits dans ce but. Les pondeuses y jouissent, d'autre part, de plus d'exercice qu'en liberté, car nous les forçons à travailler — pas trop cependant — pour se nourrir. Leur exercice n'est pas limité pendant 200 jours sur 365 par le mauvais temps, comme c'est le cas quand les oiseaux sont en liberté. Elles jouissent, de plus, dans les poulaillers modernes, sous le régime de la claustration, d'une température plus égale, plus douce ; elles sont à l'abri de l'humidité et du vent ; enfin elles ont constamment à leur disposition la trémie à pâtée sèche et n'ont qu'à sauter pour pouvoir en consommer. De plus, l'aviculteur leur donne la verdure qui leur est nécessaire sans qu'elles puissent en consommer trop et remplacer les aliments concentrés dont elles ont besoin, par un supplément de verdure inutile. Le prix de la nourriture consommée parle en faveur de la claustration : Les poules y coûtent certainement plus cher que si, sous le régime de la liberté on leur donnait des quantités insuffisantes de nourritures, mais à quantités égales de nourritures consommées, la production est plus grande que sous le régime de la liberté. Les pondeuses y ont une moyenne plus forte et les records y sont plus élevés. Sous le régime de la claustration seulement on peut faire prendre aux volailles, d'une manière régulière, la somme des principes nutritifs dont elles ont besoin. Ces quantités sont de 90 à 120 grammes par jour, et non 160 ou 170 grammes.

Les volailles se maintiennent en bonne santé, sous le régime de la claustration ; une visite d'un poulailler vous en persuadera. Elles y sont vives, actives, toujours en mouvement, allant des trémies aux abreuvoirs ou grattant dans la litière pour manger le grain. Elles y sont heureuses, les crêtes sont rouge vif, les yeux bombés, ardents. On n'y entend que les chants des pondeuses et les co co coo des poules contentes. Elles ne regrettent pas leur liberté qu'elles ont tôt oubliée : Si on laisse la porte du poulailler ouverte, elles ne manifestent qu'une curiosité craintive ; elles ne sortent qu'avec beaucoup d'hésitation.

Dans le poulailler de claustration, les soins de propreté doivent naturellement être minutieux, mais en réalité ils doivent l'être partout. Les petits oiseaux n'y pénétrant pas, les épidémies n'y sont pas à craindre plus qu'ailleurs. Vous devez cependant avoir le souci de n'y laisser pénétrer que l'employé chargé du service, surtout aucun visiteur. Le poulailler de ponte bien tenu ne fera pas naître une épidémie spontanée, mais s'il y a introduction du germe, l'épidémie se répandra rapidement. A vous d'éviter cette introduction. Y pénétrer après avoir visité des sujets malades, sans désinfection des chaussures et des mains serait vouloir s'attirer des déboires. Il serait particulièrement dangereux d'y laisser entrer un vétérinaire : Il pourrait, bien innocemment, vous apporter des germes morbides pris dans une ferme.

Comment le régime de claustration a-t-il été adopté ? Il semble que ce soit à la suite d'une nécessité, sans qu'on en escomptât un plus grand profit. On raconte en Amérique qu'un particulier ayant voulu déménager et occuper une propriété exiguë, n'avait pas voulu se séparer de ses poules et les avaient enfermées dans des boîtes à piano transformées en poulaillers. Sa surprise fut grande de constater que ses poules lui donnèrent un plus grand nombre d'œufs. Il s'expliqua plus tard ce phénomène, renouvela son expérience dont les résultats furent bientôt connus du monde avicole. Des expériences furent reprises dans les collèges d'aviculture américains et furent concluantes ; la pratique s'en répandit en Amérique, puis en Angleterre et on commence en France à l'adopter.

Egalité constante des conditions, pas d'humidité, pas de vent, exercice forcé et nourriture proportionnée à cet exercice, air pur, lumière, chaleur, voilà les raisons de la haute production obtenue sous le régime de la claustration.

Lorsque les volailles entrent en mue, on les laisse sous le même régime, on peut les changer de poulailler ou de compartiment afin de leur donner les soins particuliers qu'elles exigent. Les poulettes devant donner l'année suivante des œufs à couver de deuxième année de ponte restent en claustration jusqu'à la fin de leur mue.

Demi-Liberté ou Régime Demi-Intensif. — Ce régime est la combinaison des deux régimes précédemment étudiés. Il peut se comprendre de différentes façons :

1° Les poules reçoivent le matin un repas de grain dans la litière et sortent lorsque le repas est terminé ;

2° Les poules ont la liberté par beau temps et sont confinées à l'intérieur du poulailler par mauvais temps ;

3° Les poules sont soumises au régime de la claustration aussi longtemps que dure la mauvaise saison puis, en été, jouissent de la liberté.

Examinons les différents systèmes et dégageons-en la valeur :

1er *Cas.* — Ce régime est une amélioration du régime de liberté. Il en présente cependant presque tous les inconvénients et ajoute celui-ci : Le matin les volailles soumises au régime de liberté trouvent quelques vers que l'humidité de la nuit a fait remonter sur le sol ; ce nouveau régime les en prive. Ce système est à rejeter.

2e *Cas.* — Ce régime paraît être meilleur. Il protège les volailles des intempéries. Mais il est très préjudiciable à une bonne production : Ce changement continuel affecte considérablement la pondeuse, l'absorption de nourriture est irrégulière et la production suit les mêmes fluctuations ; les volailles ne peuvent s'habituer au régime de claustration puisqu'à chaque instant ce régime est interrompu. Système à rejeter sans autres expériences.

3e *Cas.* — Ce régime est bon : La production du début de l'été n'a pas besoin d'être activée. Les conditions de chaleur et de longueur des jours sont suffisantes pour la maintenir. La trop grande chaleur fait apparaître le désir de couver : On sortira donc les volailles avant leur apparition mais après les froids ; soit vers le 1ᵉʳ ou le 15 avril. Mais la diminution d'exercice hâtera la mue : On les rentrera assez tôt pour que les volailles ne muent pas avant l'époque fixée pour chacune et assez tôt pour reculer la mue par l'exercice et la lumière artificielle, soit vers août-septembre, juillet parfois.

Profitez de ces sorties pour que la volaille se retrempe, fasse une véritable cure estivale : Pour cela ne la laissez pas souffrir en rien. Soleil et ombre à volonté, boisson abondante et pure sont de rigueur.

Le terrain étant ainsi occupé d'avril à septembre, il n'a pas besoin d'avoir une aussi grande étendue que s'il était occupé toute l'année. Ce terrain n'est pas utile au point de vue verdure, car les prix sont tels qu'il vaut mieux donner aux poules de la verdure hachée, que leur laisser paître de grands espaces. En comptant 5 mètres carrés par pondeuse, nous serons dans des limites raisonnables. En septembre, lorsque les poules sont de nouveau claustrées, le terrain est retourné et ensemencé pour le mois d'avril suivant. Ainsi les volailles ont toujours un terrain neuf à leur disposition et point n'est besoin de faire de doubles parquets. La claustration en hiver se traduit donc encore par une diminution de dépenses.

Le régime que nous devons préférer est donc : Claustration depuis la ponte jusqu'en avril-mai, ensuite la liberté jusqu'avant la fin ordinaire de la première période de ponte ou août-septembre.

COMMENT CONDUIRE NOS PONDEUSES

Nous avons mis dans nos poulaillers de ponte ou dans chaque compartiment, 15 jours à trois semaines avant la ponte, c'est-à-dire quand crêtes et barbillons ont pris leur teinte rouge, que l'œil est plus vif, plus bombé, que le ventre devient plus volumineux et mou, le nombre de volailles que chacun d'eux peut contenir. Nous n'y mettons nos volailles ni une à une, ni par paquet, car elles vont avoir un régime progressif qu'elles doivent suivre toutes complètement. Ceci est de toute importance, nous vous le montrenous lorsque nous traiterons l'alimentation du poulailler de ponte. Nous leur faisons subir tout de suite le régime que nous avons choisi, soit la claustration, soit la liberté. Tout changement en cours de ponte ou immédiatement avant la ponte pourrait avoir pour effet de la retarder, de la diminuer ou de la faire cesser. Il nuirait aussi beaucoup à la santé de la volaille, qui ne veut pas de diversité, quoiqu'on dise.

Nous avons, dans ce transfert, sélectionné notre troupeau en deux catégories : Les poulettes présumées excellentes, celles présumées moins bonnes. Nous pourrons avoir ainsi la moitié, le tiers, le quart de notre effectif dans la seconde catégorie, selon leurs origines. Toutes pourront être trappnestées pendant l'hiver. On enverra au marché toutes celles qui ont sans raison demandé deux fois à couver en hiver. On y joindra toutes celles qui montreront des signes de faiblesse et qui pourraient par leur réceptivité aux germes, devenir un danger pour les autres. On conservera cependant celles qui n'ont pas encore pondu en hiver car elles le feront au printemps et en été : Les éliminer serait ne pas vouloir profiter d'une ponte prochaine qui dédommagerait des frais qu'elles ont occasionnés : Toutes les volailles classées numéro deux seront aussi soumises à la claustration la plus sévère ; elles ne sortiront jamais, elles auront des excitants de la ponte à leur disposition, un mois après leur entrée dans le poulailler de ponte. En un mot on leur fera produire le plus tôt possible, et surtout au moment où les œufs sont chers, le maximum de leur production : Dès le 15 février les 2 lots subiront les tris suivants : Aussi souvent que la ponte des poulaillers tombera en dessous de cinquante pour cent, c'est-à-dire que le nombre d'œufs récoltés sera inférieur aux cinquante centièmes ou à la moitié du nombre de volailles, ceci pendant quelques jours consécutifs ou répétés, on recherchera les non pondeuses en s'inspirant des directives que nous vous donnerons dans la première leçon sur la sélection. On portera impitoyablement au marché toutes les volailles ayant cessé leur ponte, même si, lorsque juillet est arrivé nous ne restons plus en possession que des deux dixièmes de notre troupeau. Plus nous retirerons de non pondeuses et plus notre bénéfice sera élevé. Une simple comparaison hebdomadaire entre le prix de vente des œufs et le prix d'achat de la nourriture nous montrera que nous sommes dans le vrai. Conduit ainsi, ce troupeau nous laissera une moyenne de ponte très élevée et un bénéfice en rapport avec la valeur de nos volailles, considérable si nos poules proviennent d'excellente souche. Vouloir le conduire d'une façon différente c'est s'exposer à coup sûr à des déboires.

Nous cessons de trappnester nos poulettes n° 2 vers le premier
février, à moins que ce travail ne nous coûte rien. Quant aux poules
n° 1 nous les contrôlons aux nids-trappes toute leur année de
ponte .: Ce sont les meilleures d'entre-elles qui deviendront nos
reproductrices. Cependant si dans le deuxième lot certaines poulettes promettaient de bons records on pourrait les faire passer au
premier février avec les numéros un. A cette époque la mue est
moins à craindre. Si d'ailleurs on la craint (car elle peut se produire surtout chez des volailles qui ont été soumises à la lumière
artificielle), on continue le contrôle aux nids-trappes dans leur
poulailler jusqu'au premier mars et à cette date on pourra les
transférer. sans inconvénient.

Le contrôle aux nids-trappes n'est fait que dans les établissements produisant les œufs à couver. Il prévoit l'inscription de la
ponte de chaque sujet :

1° Soit sur les cartes mensuelles et collectives affichées dans
chaque poulailler ou compartiment, soit sur un carnet spécial ;

2° Sur des fiches individuelles mises à jour en fin de mois dans
le bureau de l'aviculteur.

CARTES MENSUELLES COLLECTIVES

Ces cartes indiquent la production journalière de chaque
volaille d'un même poulailler ou compartiment. Elles sont établies
pour une période de un mois. Elles sont fixées dans le poulailler
à moins que l'on se serve de carnets de contrôle, auquel cas elles
sont apposées au mur, dans le bureau de l'aviculteur. Il faut éviter
les registres de contrôle, longs à feuilleter, peu clairs. Les fiches
valent mieux, peuvent être classées verticalement : Les recherches
sont alors très faciles et rapides.

Lorsque l'on fait la pesée des œufs soit les 8 premiers jours
consécutifsde chaque mois, les poids des œufs sont inscrits sur les
cartes individuelles de contrôle, ainsi que les remarques faites sur
les œufs (forme, couleur, défauts, etc.). Si l'on emploie du per-
sonnel, les œufs sont présentés, pour chaque poulailler, accom-
pagnés d'une fiche donnant le total d'œufs récoltés par poulailler
et les remarques faites dans la journée. Les cartes collectives de
contrôle de ponte doivent être employées partout, même dans les
grands poulaillers. Lorsque les nids-trappes sont d'un seul bloc,

sous les planches à crottes, par exemple, elles peuvent être fixées sur des panneaux qui glissent sur un fil de fer. On peut les remplacer par un carnet préparé à l'avance. Ce carnet porte pour chaque jour de contrôle tous les numéros des poules groupées par dizaines ; il est donc facile d'y retrouver tel numéro cherché que l'on barre si la poule qui le porte à sa bague de contrôle a pondu.

Exemple de page d'un carnet de contrôle :

```
 1  ! 2 3 4 5 6 7 8 9 10
11  ! 2 3 4 5 6 7 8 9 20
21  ! 2 3 4 5 6 7 8 9 30
31  ! 2 3 4 5 6 7 8 9 40
41  ! 2 3 4 5 6 7 8 9 50
etc. !
```

Connaissant les numéros des poules que l'on a dans les poulaillers de ponte, on peut faire imprimer chaque année les carnets dont on aura besoin. Car les numéros des poules varient chaque année, la sélection des pondeuses étant de ce fait rendue plus facile.

A l'aide de ces carnets on remplira sur des cartes collectives, les cartes de production de chaque lignée, les graphiques de production journalière, les autres graphiques que l'on voudrait suivre à titre expérimental (production et longueur des jours, température, pression barométrique, consommation de nourriture, composition de nourriture, etc., etc., etc.

Si l'on indique les œufs normaux pondus par une croix sur les cartes de contrôle, les œufs à deux jaunes seront indiqués par un rond, les œufs anormaux par un trait, les œufs cassés par un trait d'un autre sens.

Comme nous encartons dans cette leçon une carte individuelle de contrôle de ponte, nous ne jugeons pas utile d'en donner la description. Voici l'explication des termes qui y sont employés :

N° du Club. — C'est le numéro de la bague fermée que délivrent les clubs lorsque l'on y fait inscrire ses volailles. Cette bague présentant des numéros trop petits, en creux et trop longs, elle ne peut servir au contrôle. Les numéros sont imposés par les clubs. On ne peut les choisir.

1ᵉʳ œuf le. . . . . Pour rappel, nous indiquons ici la date du 1ᵉʳ œuf.

N° Contrôle. — C'est le numéro de la bague de contrôle : Chiffres assez grands et en relief.

N° Pedigree. — C'est le numéro de la carte individuelle, qui est aussi celui d'une carte donnant la filiation de chaque sujet, son véritable état civil. Ce pédigree est employé pour le choix des reproducteurs et la constitution des parquets de reproduction.

Teinte des Œufs. — Les races pondant des œufs teintés doivent donner une teinte franche, foncée si les œufs foncés sont cotés plus cher, ainsi que c'est souvent le cas.

Rythme. — Observation sur le rythme, relevé des indications : Bon, régulier ou autre. Avoir une lettre remplaçant un mot.

Total. — Dans la première colonne on met le total du mois, dans la deuxième le total général.

ALIMENTATION DES PONDEUSES

Nous rejetons ici toute alimentation exclusivement composée de grain et de pâtées humides. L'alimentation doit faire produire le maximum d'œufs au prix le plus bas. Telle alimentation coûtant 30 francs par pondeuse et produisant 120 œufs, ne vaut pas telle autre coûtant 40 fr. en produisant 200 œufs. Les fortes pondeuses de 250 œufs et plus ne sont pas nourries avec des produits de second choix, de fraîcheur douteuse et donnés avec parcimonie.

Afin de donner un programme complet de l'alimentation des pondeuses, nous devons étudier :

1° L'avoine germée ;
2° Le grain non germé ;
3° Les mélanges secs et humides ;
4° La verdure ;
5° Les minéraux ;
6° Les excitants.

L'AVOINE GERMEE — EMPLOI

L'aviculteur devra considérer l'avoine germée comme nécessaire à une haute production ainsi qu'à une excellente santé. Nous

ne conseillons d'ailleurs l'avoine entière que sous cette forme.
Les pousses ne devront pas avoir plus de un-demi à un centi-
mètre de longueur. Nous répétons que l'avoine en verdure est de
l'avoine de luxe pour les personnes qui ont de l'argent à perdre.
On distribuera l'avoine germée comme grain du matin suivant
des quantités dont nous reparlerons au cours de ce chapitre. On
choisira une avoine à écorce fine, grosse, bien pleine et lourde.
On peut payer de la bonne avoine jusqu'à 15 fr. les 100 kg., plus
cher que la moyenne. La fibre est non seulement inutile, mais
nuisible si elle est en trop grande quantité. Le germinateur pourra
être placé dans une petite pièce attenant au poulailler de ponte
où sont préparés les aliments. Celui-ci se compose de tiroirs à
fonds troués superposés et glissant dans un bâti. Une espèce de
crémaillère peut soutenir les tiroirs quand ils sont ouverts. On
peut avantageusement construire ces tiroirs de façon qu'en hiver
un tiroir entier soit employé chaque jour. Quand un tiroir est
vide, il va au nettoyage : Ces tiroirs s'infectent vite et sentent
mauvais lorsqu'ils sont sales, l'avoine prend une mauvaise odeur
et la volaille la refuse. Un autre, propre, en attendant, est rempli
d'avoine trempée depuis 24 heures dans un seau d'eau chaude.
L'avoine est mise en couches de 3 à 5 cm. Quand elle est germée
on la jette le soir dans la litière pour le repas du lendemain matin.
Ainsi les pondeuses en profitent aussitôt qu'il fait assez clair
pour gratter.

LE GRAIN

Outre cette distribution d'avoine, les pondeuses ont encore
d'autres grains. Ce sont le blé et le maïs, parfois le sorgho ou le
dari. La nature des grains ainsi que leur composition est impor-
tante en alimentation. On ne devra donc jamais manquer de bon
blé et de maïs non fraîchement récoltés. Dans les cas de restric-
tion édictés par la loi, on pourra remplacer le blé par le sorgho ou
le dari, les résultats seront toujours moins satisfaisants. Le maïs
sera toujours concassé, il est ainsi plus digestif, le grain risque
moins de blesser la volaille dans le bec (combien de diphtéries
n'ont pas d'autre cause !). Enfin les volailles le trouvent moins
vite et toutes en ont également. Les deux sortes de grains sont
données en mélange afin d'obliger les volailles à gratter plus long-

temps : Elles grattent d'abord pour trouver le grain qu'elles préfè-
rent puis cherchent le second ensuite.

Les grains sont nécessaires à une bonne ponte et vouloir s'en
passer c'est refuser un accroissement notable de profit. Nous rejetons l'orge ainsi que l'avoine non germée.

En hiver le maïs doit dominer. Dans les temps froids on mettra
en poids trois parties de maïs pour une partie de blé, puis lorsqu'il
fait moins froid, deux parties de maïs pour une de blé. Au printemps, quantités égales de chacun de ces grains ; au début de
l'été, deux parties de blé pour une de maïs ; en pleine chaleur trois
de blé pour une de maïs.

Voici les quantités de grains conseillées par le professeur
H. R. Lewis, tels qu'elles furent données à un concours de ponte
de Vineland :

Poids par jour pour : Matin, avoine germée ; Soir, blé et maïs:

MOIS	100 pondeuses	Matin	Soir
Novembre	12 livres :	4 livres	8 livres
Déc.	12 —	4 —	8 —
Janv.	12 —	4 —	8 —
Fév.	12 —	4 —	8 —
Mars	12 —	4 —	8 —
Avril	12 —	4 —	8 —
Mai	10 —	4 —	6 —
Juin	10 —	4 —	6 —
Juil.	8 —	3 —	5 —
Août	6 —	2 —	4 —
Sept.	5 —	2 —	3 —
Oct.	5 —	2 —	3 —
Oct.	5 —	2 —	3 —

Ces poids sont exprimés en livres anglaises (450 gr. environ).

Remarquons qu'en Amérique les concours de ponte commen-
cent au premier novembre, que chez les Américains cette date du
premier novembre est considérée comme la meilleure pour le début
de la ponte. Mais chez nous, autant à cause du climat qu'à cause du
renchérissement des œufs dès octobre, nous devons décaler la no-
menclature des mois : octobre 12, 4, 8. La température peut modi-
fier les chiffres donnés ci-dessus, qui n'ont donc rien d'intransi-

geant : C'est à l'aviculteur de faire preuve de jugement en toute
circonstance. Son attention doit toujours être en éveil.

LES MELANGES SECS ET HUMIDES

Les pondeuses doivent avoir à leur disposition une pâtée
sèche substantielle, nourrissante, de digestion facile, composée de
telle manière que la ration nutritive totale de la ration journalière
(pâtées et grains) soit de 4, 5 à 5,5 en hiver pour descendre à 4 et
4,5 l'automne suivant. Cette relation nutritive devra être plus étroite
dans les pays chauds que par les temps froids, plus étroites pour
les races légères que pour les races lourdes. C'est pourquoi nous la
faisons osciller entre 4 et 5,5.

Un excellent mélange est constitué par :

gros son de blé	1	partie en	poids
farine de maïs	1	—	—
avoine écrasée fine	1	—	—
rebulet en recoupe	1	—	—
farine de luzerne............	1	—	—
farine de viande	1	—	—
coquilles d'huîtres en poudre..	1/4	—	—

La farine de viande est comptée comme faisant 50 pour cent
de protéïne, 12 pour cent de graisses. On peut la remplacer par 1/2
partie de farine de viande.

Nous voyons donc que l'élément carné, source principale d'albumine, entre dans la pâtée pour un sixième. Comme en hiver nous
donnons au moins autant de grains que de pâtées, les volailles en
consomment donc pendant cette saison 1/10ᵉ de la ration.

Mais une transition s'établit entre le régime de « retard » que
nous avons fait subir à nos poulettes avant la ponte. Nous leur
avions supprimé la pâtée humectée et augmenté d'autant la quantité
de grains afin de retarder la ponte, de leur faire prendre du muscle
et de la graisse, de résoudre vite le problème de la mue qui se produit
à cette époque. Lorsque les poulettes ont été transférées dans le poulailler de ponte depuis une quinzaine de jours, nous leur rendons la
pâtée supprimée, en donnant toujours beaucoup de grains si nos
bêtes sont un peu légères. Puis quinze jours après, nous régularisons

les quantités de grain. La ration devenant étroite, aucune mue ne sera à craindre.

Ainsi les volailles n'auront leur ration de ponte d'hiver que progressivement et au bout d'un mois. Nous éviterons une ponte brutale en octobre suivie d'un ralentissement en décembre, faute que commettent tant d'apprentis aviculteurs et de professionnels. Constituée comme nous venons de le voir, la ration de ponte sera continuée jusqu'au printemps.

Remarquons que nous avons continué de donner à nos poulettes leur repas de pâtée humectée une heure après le repas de grain du soir, que les quantités de pâtée humectée sont calculées d'après celles de pâtée sèche consommée et qu'elles complètent ces dernières jusqu'à concurrence du poids du grain donné, qu'en général les volailles consomment un tiers de pâtée humectée pour deux de pâtée sèche. Ne pas donner de pâtée humectée aux R. I. R. Plymouth, Faverolles, etc...

Quand la chaleur est arrivée nous diminuons les quantités de grain : celles de pâtées augmentent et la relation nutritive devient **plus étroite**. Vous avez compris que cela est nécessité par le fait **que les oiseaux ont besoin de beaucoup** moins de graisses et d'hydrates de carbone pour maintenir leur chaleur puisqu'ils reçoivent **celle qui nous vient du soleil**.

Si la relation nutritive n'était pas ainsi changée, une accumulation de graisse non utilisée se ferait dans les tissus adipeux et la ponte diminuerait, il se produirait des œufs hardés, la valeur de l'oiseau en tant que futur reproducteur serait amoindrie.

Il est intéressant et très instructif de connaître les quantités de grain et de mash (pâtée) consommés par les races lourdes et légères (Leghorns d'une part, Wyandottes, Plymouths et R. I. R. d'autre part). Voici ce tableau tel qu'il nous est fourni par un concours de ponte de New-Jersey :

RACES	Nombre d'oiseaux	Mash.	Grain	Total	Rapport pâtée sur grain
Lourdes ...	400	452,12	399,9	852,1	1,13/1
Légères ...	600	387,2	375,9	763,1	1,01/1

La dépense pour les races lourdes fut les 8/5 de ce qu'elle fut pour les Leghorns, les R. I. R. et les Plymouths étant surtout responsables de cette augmentation.

La pâtée avait la même composition pour les différentes races. L'élargissement de la relation nutritive était obtenu pour l'addition du grain. Les poids de mash et de grain sont évalués en livres anglaises.

Mais vous devez aussi songer que les quantités données ne varient pas seulement avec la saison (les changements saisonniers ayant surtout leurs répercussions sur les quantités et la nature des grains) mais que ces quantités doivent être en rapport avec le nombre d'œufs pondus.

Vous savez que les quantités de grains distribués décroissent au fur et à mesure que la saison s'avance, veillez à ce que les volailles consomment assez de pâtée sèche pour absorber assez de matériaux ; s'il faut leur en donner en supplément appuyez sur la pâtée humectée.

MODIFICATION TEMPORAIRE DE L'ALIMENTATION

En automne et en hiver, alors que certaines volailles ne pondent pas très abondamment et ont généralement une verdure moins rafraîchissante qu'en été, il convient, pour éviter la formation des tissus graisseux et l'hypertrophie du foie, d'ajouter à la pâtée humide une fois par mois, 1/3 de cuiller à café de sel d'Epsom par tête, dissous. En automne et en hiver on ajoute deux fois par mois à la pâtée humide un tiers de cuiller à café de soufre en poudre par tête.

En hiver, on pourra remplacer de temps en temps les grains dont nous avons parlé par du sarrasin distribué le soir. On pourra en donner trois fois par semaine si les poules sont bien rafraîchies, deux fois dans le cas contraire. On n'en donne pas le premier mois de ponte.

Il importe donc, puisque les poulettes mises dans le poulailler de ponte ont un régime alimentaire progressif, de n'y faire rentrer en même temps pour en charger un compartiment que les poulettes sinon de même âge, ce qui est souhaitable, du moins des oiseaux de même état d'avancement, ce qui est indispensable.

Les poulettes nées au début de l'année et conservées pour devenir des reproductrices au printemps suivant ne sont pas claustrées sauf par temps de neige ; elles ne reçoivent pas de pâtée humectée afin de ne pas les pousser à la ponte (la pâtée humectée en addition avec la pâtée sèche donne au moins de 15 à 20 œufs de plus par tête et par an que si elles ne recevaient que la pâtée sèche). Si nous les poussions trop à la ponte elles ne donneraient pas longtemps des embryons vigoureux.

Mais si elles sont destinées à pondre uniquement des œufs de consommation, vous devrez les claustrer dès leur maturité, les nourrir comme les pondeuses, leur donner des excitants en hiver et les soumettre à l'influence de la lumière artificielle comme nous vous l'indiquerons dans la prochaine leçon. La lumière artificielle aura encore pour effet de leur éviter la mue d'automne, si préjudiciable à la production dans le mois d'hiver. De plus leur ponte « balancera » votre production, c'est-à-dire qu'elle viendra au moment ou celle des poules diminuera et ainsi vous aurez des rentrées d'argent régulières, au moment où vous aurez de grosses dépenses pour la nourriture des autres sujets d'élevage.

Nous vous conseillons donc vivement de faire naître un tiers de vos poulettes avant la saison si vous pouvez leur donner la lumière artificielle. Vous pourrez avec le même matériel faire naître le double de sujets et ainsi vous ferez une économie sérieuse dans vos frais de première installation. Enfin, pour un même nombre de pondeuses élevées chaque année, le moment du gros travail d'élevage sera étendu sur une période plus grande et ce travail sera moins pénible.

Vous avez donc intérêt à supprimer la mue d'automne de ces poulettes, mais vous devez aussi reculer le plus possible celle des volailles qui ont commencé leur ponte depuis l'automne précédent. Vous avez divisé suivant nos conseils votre troupeau en deux catégories. Si vous faites vous-mêmes vos reproductrices : les meilleures pondeuses ont la liberté afin que leur production soit moins poussée et qu'elles deviennent plus rustiques. Leurs embryons seront certainement de meilleure qualité. Quant aux autres il ne doit pas vous intéresser qu'elles peuvent être plus rustiques : qu'elles soient en bonne santé, non affaiblies et qu'elles pondent beaucoup, cela seul doit vous importer. Vous les laissez donc claustrées au poulailler au moins en hiver ; en été, vous diminuez légèrement, de un sixième environ, la quantité de nourriture qu'elles consomment, ceci afin de ralentir leur production lorsque les œufs sont bon marché ; puis, lorsque juillet-août est arrivé, vous retardez leur mue afin de les faire pondre plus longtemps, car le prix des œufs augmente : vous leur rendez d'abord leur ration primitive, vous leur donnez une litière de trente centimètres au lieu de vingt, vous les soumettez à la lumière artificielle. Ainsi celles qui n'ont pas mué avant la date indiquée ne le feront pas avant l'automne et vous récolterez de ces volailles des œufs que vous vendrez un bon prix.

Chaque fois que le temps est froid, la pâtée humectée sera donnée chaude.

L'inspection des fientes que l'aviculteur fait chaque matin en pénétrant dans son poulailler est un indice de la santé de la volaille. C'est le miroir de l'estomac. Trop claires, elles sont un signe de diarrhée, il faut alors diminuer le son, augmenter le grain (et en même temps la farine de viande pour maintenir convenable la relation nutritive) purger et donner des orties hâchées dont vous aurez fait une moisson au printemps.

Si les fientes sont trop dures, purgez, augmentez la proportion de son, donnez des verdures laxatives et si vous en avez, des navets coupés en deux et accrochés aux parois. Les fientes ne doivent pas non plus être trop colorées : le coryza s'annonce généralement par une diarrhée jaune clair. Veillez-y.

Le charbon de bois est le meilleur désinfectant du tube digestif, ne laissez jamais les volailles en manquer.

LA VERDURE

A dix heures du matin, c'est-à-dire quand vos nettoyages sont terminés et non parce que cette heure est meilleure qu'une autre, procédez aux distributions de verdures : en été trèfle vert haché, luzerne à défaut de trèfle, choux, gazon coupé. En hiver, choux, trèfle haché revenu dans l'eau bouillante, luzerne à défaut de trèfle. Nous sommes peu partisan des betteraves qui refroidissent considérablement les pondeuses ; cependant employez-les si vous n'avez pas autre chose. Coupez-les en deux et suspendez-les à des clous, à 60 cm. au-dessus de la litière pour forcer les volailles à sauter. Retenez que l'absorption de verdures est nécessaire au maintien de la santé et de la ponte. Donnez-leur tout ce qu'elles veulent en prendre, en quatre ou cinq heures. Les aviculteurs prétendent que lorsque les poules en ont trop elles ne prennent pas assez de matériaux nutritifs (pâtée sèche). Nous croyons au contraire et les grands aviculteurs américains ont la même opinion, que l'absorption de verdures leur fait consommer davantage de pâtée sèche.

La verdure préférée des aviculteurs américains est le chou.

LES MINERAUX

La trémie à trois compartiments : gravier siliceux et si possible calcaire (gris), charbon de bois granulé ou en poudre, coquilles d'huîtres granulées, doit être constamment à la disposition des pondeuses. Avec le son et les coquilles d'huîtres incorporées à la pâtée, elles auront suffisamment de matières minérales pour réparer les pertes du squelette et vous n'aurez pas d'œufs hardés. Inutile d'employer les os plus ou moins sains.

LA BOISSON

Eau pure ou si possible petit lait, de préférence aigri. Le petit lait provenant des écrémeuses centrifuges est moins bon (parce que ses vitamines sont détruites) que celui restant dans les vases plats dans lesquels on fait faire quelquefois la montée de la crême. Ce petit lait est incorporé aux pâtées humectées. Quand vous humectez constamment les pâtées au petit lait vous pouvez faire une économie de 1/5 de farine de viande. Dans les froids, l'eau est tiède. Le lait de beurre ou babeurre est excellent. Il est laxatif.

EXCITANTS

Ne donner d'excitants que dans une faible proportion (4 % de la ration) et uniquement en automne et en hiver aux volailles ne devant pas donner d'œufs à couver immédiatement.

REGIME D'ETE

En été, lorsque la ration de grains diminue dans de grandes proportions, le pourcentage de farines animales consommées par les pondeuses devient de plus en plus fort. Il n'y a pas d'inconvénients à cela, mais si l'on désire ne pas dépasser pour ces matériaux un sixième de la ration, on pourra remplacer une partie de farine de viande par l'excellent aliment qu'est la semoule de gluten de maïs, riche en matières albuminoïdes. Le remplacement d'une partie de l'albumine animale par de l'albumine végétale a pour conséquence de retarder la mue. Dans le remplacement on s'inspirera de la composition chimique des deux aliments.

LE TRAVAIL DE L'AVICULTEUR

DANS LE POULAILLER DE PONTE

Le matin, en pénétrant dans le poulailler de ponte, le basse-courrier s'assure que ses volailles n'ont rien d'anormal. Son premier regard est pour elles. Il constate qu'aucune ne boîte, ne présente aucun symptôme de maladie, que le troupeau est en ordre.

Puis il se dirige vers la planche à crottes pour inspecter les fientes et décide dès ce moment s'il y a lieu de changer le régime.

Il donne ensuite à ses oiseaux l'aération qu'ils doivent avoir, ouvre les chassis de coton, les vitres si besoin est, règle l'aération du rear ventilator ou du plafond.

Un coup d'œil jeté aux trémies lui annonce s'il doit renouveler leur contenu. Il se dirige vers les nids-trappes et fait sa première relève d'œufs.

Enfin il constate si les abreuvoirs sont remplis : il a dû les remplir la veille.

Un abreuvoir laissé dans le poulailler non près de la façade, contenant par conséquent de l'eau un peu moins froide, a suffi pour désaltérer les poules à leur réveil, car leur premier soin, en se levant le matin est de boire.

Il peut maintenant commencer les nettoyages journaliers : il relève les perchoirs, racle la planche à crottes et jette sur ces boiseries du sable mélangé d'un peu de chaux. Il passe le râcloir sur les appuis des fenêtres si ceux-ci sont tels que la volaille puisse s'y percher, ce qui n'est pas souhaitable. Il le passe aussi sur les perchoirs des trémies et des nids-trappes. Il porte son fumier au dépôt spécial, isolé du reste de son exploitation.

Il peut maintenant préparer sa verdure. Il fait la relève des œufs en hiver à 7 heures, à 9 h. 1/2, à 11 h. 1/2, à 2 h., à 4 h. 1/2. En été, il la fait en se levant, puis à 8 h., à 10, 11 h. 1/2, à 1 h. 1/2, 3 h. , 4 h. 1/2, 6 heures.

Chaque fois qu'un nid est sale, il le note pour le nettoyer le lendemain matin, ou il le ferme après avoir enlevé le tiroir et l'avoir emporté au nettoyage. Ce tiroir sale sera immédiatement remplacé.

Deux heures avant le coucher du soleil, il donne le grain qu'il enterre d'un coup de fourche en bois ; puis il va préparer la pâtée humectée qu'il apporte une heure après le grain. Il fixe un jour de la semaine où il procède au nettoyage plus complet et à la désinfection. Il n'omet pas de frotter les vitres et de brosser les rideaux de coton, qui se couvrent vite de poussière. Chaque mois, il procède à un nettoyage complet.

Le soir, lorsque les volailles sont sur les perchoirs, il se rend dans son poulailler, écoute si toutes les respirations sont bonnes et s'il ne perçoit pas d'enrouement. Il a emporté le grain pour le lendemain matin (avoine germée) qu'il disperse dans la litière. Celle-ci est bien remuée, ramenée un peu sur le devant si le poulailler ne comporte pas de fenêtres à l'arrière, car les poules se tournant généralement face à l'arrivée de la lumière repoussent petit à petit la paille vers le fond.

S'il veut examiner telles volailles, il s'est muni de sa lampe électrique, afin que les couleurs ne soient pas changées : il cherche sur les perchoirs celles qu'il désire examiner.

Sa vigilance ne s'arrête en aucun moment de l'année, aussi ses bénéfices sont-ils très élevés.

LES COQUELETS ET COQS POUR LA REPRODUCTION

Ces coqs sont isolés dans des parquets spéciaux ; ils ont les mêmes traitements que les poulettes pondeuses, mais on devra particulièrement veiller à ce qu'ils n'engraissent pas. On ne doit pas les nourrir mal sous le prétexte qu'ils ne sont pas encore en service. Ce serait une très grande faute que l'on paierait très cher plus tard. On leur donne des repas de pâtée humide et ils ont à leur disposition des trémies à pâtée sèche et à trois compartiments ; mais on ne doit jamais les laisser manquer de verdure. On pourra avantageusement doubler la quantité de son qui entre dans leur pâtée pour la diminuer lorsqu'arrive l'époque de leur service. A ce moment on leur donnera du sarrasin et de l'avoine en supplément.

Les poules ou poulettes auxquelles on donne des mâles au printemps doivent être habituées à eux longtemps avant cette date. On pourra avec avantage leur en laisser un ou deux dès leur entrée dans leur poulailler de reproduction : un brusque changement du célibat au mariage pourrait affecter leur production, c'est-à-dire à coup sûr leur valeur reproductive.

Quinze jours avant le moment de la récolte des œufs à couver, on pourra enlever ces mâles qui sont maintenant fatigués et les remplacer par ceux que vos combinaisons vous commandent d'employer.

Afin de pouvoir vendre vos œufs de consommation sans être enrossé par un acheteur qui désire les mettre à couver à votre insu, mettez-les avant de les vendre, pendant une nuit dans l'eau glacée dans laquelle vous avez fait dissoudre du silicate d'alumine ou de soude. Les pores des œufs seront bouchés et l'incubation sera stérile.

Ces coquelets, dans leur parquet spécial devront avoir beaucoup de liberté et n'être enfermés que par temps absolument mauvais.

SOINS SPECIAUX A DONNER AUX REPRODUCTEURS

Toutes les volailles ne sont pas aptes à la reproduction. Il faut éliminer toutes les poules ou poulettes qui ont donné une forte production tout l'hiver précédent à moins qu'il ne s'agisse de volailles exceptionnelles dont on craigne la mort. Les coqs doivent être reposés. Ils donnent le maximum de leur puissance dans leur seconde année d'exercice. Les vieux coqs doivent être éliminés. A trois ans on ne fait reproduire que ceux qui ont prouvé avoir eu une influence particulièrement bonne sur leur descendance.

Les reproducteurs doivent être choisis parmi les plus vigoureux et être exempts de toute tare. Ils ne devront jamais avoir souffert de quoi que ce soit.

LES POULAILLERS ET PARQUETS
POUR LA REPRODUCTION

Les poulaillers de reproducteurs sont de deux sortes : ceux qui ne contiennent qu'un seul coq et ceux qui en contiennent plusieurs. Ils devront avoir une surface de plancher en rapport avec le nombre de têtes qu'ils abritent ; dans les petits, compter deux poules à deux poules et demie par mètre carré, dans les grands, de deux et demie à trois par mètre carré. Il faut aux reproducteurs beaucoup de confort et les coqs doivent pouvoir faire leur service au poulailler si le temps est tel que la sortie dans les parquets est impossible.

Les parquets doivent être vastes : au moins trente mètres carrés par tête pour les petits et 25 m2 pour les grands. L'ombre devra être abondante.

Les poulaillers des reproducteurs doivent être aussi aérés et éclairés que possible.

Ils peuvent avec avantage être placés de chaque côté d'une grande allée afin que le service soit rendu plus facile ; les portes s'ouvriront directement sur cette allée.

On peut grouper tous les poulaillers de reproducteurs sous le même toit ; on a alors un long bâtiment peu large, mais les parquets sont d'étroits couloirs sales près du bâtiment et trop longs pour que les volailles utilisent tout leur parcours.

Les parquets pourront être doubles ; ainsi les coqs des différents poulaillers ne sont pas côte à côte et dans ce cas il est inutile de construire des séparations opaques pour les empêcher de se défier, de se battre et de se blesser à travers la clôture de grillage.

Une petite exploitation pour les œufs de consommation ou la production de la chair pourra n'avoir qu'un ou deux parquets de reproducteurs, ainsi la main-d'œuvre et la dépense d'installation seront amoindries. Mais si l'on veut faire de la sélection de ponte un peu soignée, on devra avoir un assez grand nombre de petits parquets de reproducteurs où un seul coq est en service.

DES REPRODUCTEURS

Il faut compter sur un nombre de reproducteurs femelles égal au cinquième du nombre de pondeuses de un an, si l'on veut faire une sélection de ponte serrée. On pourra même abaisser ce chiffre jusqu'au dixième du nombre de ces pondeuses.

En effet, en mettant couver pendant 2 mois, on peut compter sur 25 bons œufs par tête au minimum, qui donneront 10 poulettes à conserver.

Plus vous voudrez restreindre la période d'élevage, plus il vous faut de reproductrices.

D'autre part, vous devrez avoir au moins deux lignées différentes par race.

Le nombre de coqs à mettre dans chaque parquet n'est pas
indifférent. Il dépend de la saison, de l'âge et des qualités des
mâles, de la race.

Dans les temps froids, les coqs ne font pas le même service
qu'en été, en claustration ils ne rendent pas autant qu'en liberté.
En général, le nombre de poulettes ou de poules à donner à un
coquelet, en races lourdes, ne doit pas dépasser 10 ; si le mâle est
un coq, il ne devra pas avoir plus de huit poules.

En liberté et à la fin de la saison si les coqs sont reposés, ces
nombres pourront être augmentés de 25 pour cent.

Les coqs Leghorns en claustration ne devront pas avoir plus
de 10 poules. Ce nombre peut être porté à 20 si les volailles sont
en liberté et si le coquelet est très vigoureux.

Lorsque l'on mettra plusieurs coqs ou coquelets dans un même
parquet, ces nombres de poules devront être abaissés de 25 pour
cent car les mâles étant jaloux s'empêchent souvent de féconder
leurs poules.

Les coqs et coquelets que l'on met ensemble avec des poules
doivent être nés et élevés ensemble et n'avoir jamais été séparés les
uns des autres. Dans le cas contraire des batailles terribles se
produiront. Même en prenant ces précautions, on devra surveiller
les coqs et éliminer pour les employer dans les petits parquets ceux
qui seraient cause de combats.

Les coqs seront choisis d'après leurs qualités personnelles et
celles de leur ascendance avons-nous dit. On fera aussi porter son
choix sur les plus beaux et les plus vigoureux.

Les reproductrices seront autant que possible âgées de deux
ou trois ans ; elles seront choisies d'après leur rapidité de croissance et les qualités de leurs parents et grands-parents, d'après
leur ponte de première année et aussi d'après celle de la seconde
année ; le poids des œufs et surtout des premiers œufs de la
première année de ponte entrera en ligne de compte, enfin on
veillera à ne mettre dans les poulaillers de reproducteurs des animaux bien conformes aux standarts. Il n'y a pas de succès per-
manent là où les qualités standartiques sont ignorées.

Nos reproductrices ont eu la liberté tout l'été précédent. La
mue arrivée, elles ont été soignées de façon à ce qu'elles n'en
souffrent pas trop, mais nous avons évité de leur faire produire

beaucoup d'œufs en hiver. Cela ne veut pas dire qu'il faille les négliger, au contraire. Elles sont l'espoir de votre succès futur, aussi c'est vers elles que doit se porter votre principal souci.

A la fin de l'été précédant leur mise en reproduction, après leur mue, vous ne les avez pas remises en claustration. Vous les tenez simplement au poulailler les jours de neige ou de tempête. Sachez que plus elles prendront d'exercice plus leurs embryons seront vigoureux. Elles doivent donc avoir une épaisse litière et toutes les distributions de grains devront y être faites. La verdure ne doit pas leur manquer, à elles moins qu'aux autres. Depuis la fin de la mue vous les avez nourries sans pâtées humectées car vous ne poussez pas vers la production d'œufs. Si elles sont gourmandes, ne laissez pas consommer toute la pâtée sèche qu'elles désirent : fermez l'accès des trémies deux ou trois heures par jour. Ceci doit être fait pour les races lourdes, enclines à manger beaucoup : Wyandottes, R.I.R. Faverolles.

Un excellent mélange de grains pour reproductrices est deux parts de maïs concassé, une part de blé et une part d'orge. La proportion de maïs pourra être augmentée de une demie à deux tiers de part par les grands froids. Les reproductrices ne reçoivent jamais de sarrasin.

Lorsque l'époque de la reproduction sera arrivée, vous devez traiter vos troupeaux de reproducteurs de deux façons selon que vous désirez avoir tous vos œufs à couver en un temps très court ou que vous désirez encore en avoir en fin de saison. Dans le premier cas, amenez progressivement la ration à la même composition que celles des pondeuses ; dans le second cas, soyez plus circonspect et plus modéré dans ce changement afin que la ponte de printemps n'ait pas de fâcheuse répercussion sur la vigueur des embryons en été.

Il va sans dire que le premier repas sera toujours constitué par de l'avoine germée : les volailles ne s'en passent jamais.

Si vous voulez obtenir tous vos œufs à couver dans l'espace de un ou deux mois, vous pouvez employer la lumière artificielle comme nous vous l'indiquerons ; sachez que la vigueur des embryons, c'est-à-dire votre succès total futur dépend du repos de la volaille immédiatement avant la saison des œufs à couver ou avant le temps pendant lequel vous les récoltez, ainsi que sur la production pendant ce temps. Plus le repos a été complet avant que vous récoltiez les œufs à couver, plus la ponte est abondante

pendant le temps que vous les récoltez et plus les embryons seront
vigoureux quelque prodigieuse ait été la ponte de première année.
On a dit sur tous les tons que les volailles ayant donné des records
étonnants de ponte dans leur première année ou issues de lignées
de grandes pondeuses, donnaient de maigres résultats en incubation.
C'est absolument faux. On généralise trop vite, même sur ses
propres fautes. Les personnes qui ont obtenu de mauvais résultats
avec des œufs à couver de volailles sélectionnées pour la ponte
intensive le doivent à l'inobservation des règles pourtant élémen-
taires que nous venons de formuler.

Combien de personnes achètent des poulettes d'excellentes
origines d'ailleurs, mais nées en arrière-saison, les mettent en reproduction l'année suivante, obtiennent, comme de juste, de piètres
résultats, et au lieu de s'accuser soi-même, accusent l'aviculture
entière de leurs déboires.

Conduit comme nous venons de vous l'indiquer, votre troupeau,
qu'il s'agisse de pondeuses ou de reproducteurs, sera parfaitement
conduit, comme peu de troupeaux sont encore conduits en France ;
vous en obtiendrez des résultats qui vous donneront les plus grands
espoirs.

Vos troupeaux de reproducteurs pondent dans les nids-trappes
afin qu'il vous soit possible d'identifier chaque œuf. Lorsque vous
conservez les œufs pour l'incubation vous inscrivez sur chacun
d'eux le numéro de la poule qui l'a pondu. Le 19e jour d'incubation,
vous mettez tels œufs dans les cages métalliques à pédigrées, vous
baguez ou marquez au toe-punch les poussins à la naissance, ainsi
vous savez toujours de quelle mère, de quel père viennent vos
volailles et vous pouvez donner la prédominance à tel sang qui
vous a donné les meilleurs résultats.

Ceci sera d'ailleurs étudié en détail plus tard, dans la leçon
spéciale à ce sujet.

Lorsque la saison des œufs à couver est terminée, vous avez
intérêt à mettre vos reproductrices devant être vendues, à un régime
modéré jusqu'en juillet, puis à leur faire rendre jusqu'à la mue,
le maximum d'œufs de consommation. Celles qui doivent encore
servir de reproductrices ou devant éventuellement en servir, seront
conservées à un régime modéré.

TRAITEMENT DES VOLAILLES EN MUE

La ration des poules en mue n'a pas besoin d'être changée du tout au tout et ce serait une très grande faute que d'apporter une transformation brutale. Les plumes, qui forment environ 6 % du poids de la volaille, sont formées de matières azotées (15 %), d'acide phosphorique et de matières grasses, ces dernières étant surtout et particulièrement abondantes quand elles poussent.

Le meilleur grain, pour les poules en mue est le soleil, très riche en graisses, sinon l'orge et le maïs. A la pâtée des pondeuses, on doit ajouter 10 % de farine de poisson, 5 % de tourteau de lin broyé, 1 % de soufre en poudre. En outre les volailles recevront pour cent têtes une cuiller à café du mélange suivant : Gingembre 1 p., moutarde 1 p., poivre rouge 1/2, quinquina 1/2. Cette poudre tonique pourra être employée dans tous les cas de faiblesse, quelle qu'en soit la cause, les poules en mue ne devront jamais manquer de verdures ; on aura intérêt à leur donner chaque jour 40 à 60 grammes de verdures cuites. Il va sans dire que les poules en mue devront être séparées du troupeau, les coqs sont éloignés d'elles, elles doivent être enfermées. Reprendre l'alimentation des pondeuses ou des reproductrices suivant le cas aussitôt qu'elle est terminée.

Questionnaire

1° Quels sont les défauts que présentent ordinairement les poulaillers vendus dans le commerce ?

2° Faites une courte description du poulailler de ponte et de son aménagement intérieur.

3° Quelle densité de volailles ne devez-vous pas dépasser suivant le cas ?

4° Comment ne doivent pas être les nids-trappes ?

5° Enumérez les avantages et les inconvénients des différents systèmes de tenue des pondeuses.

6° Dessinez une carte mensuelle collective de contrôle de ponte.

7° Quels sont les meilleurs grains et comment les employer suivant les saisons ?

8° Comment devez-vous donner les pâtées ? Composition d'une bonne pâtée.

9° Quels poids de nourriture consomme : 1° une Leghron ; 2° une Wyandotte en un an ? (1re année de ponte). Décomposez ces poids : 1° en grain ; 2° en pâtée. Peut-on fixer les quantités de pâtée humectée à donner chaque jour ?

10° Quel poids journalier (à décomposer en pâtée et en grain) doivent prendre en mai : 100 Leghorns ou Bresses de 3 livres ne pondant pas ; 100 Leghorns ou Bresses de 3 livres donnant 70 œufs par jour ;. 100 Wyandottes ou Bourbonnaises de 4 livres 1/2 ne pondant pas ; 100 Wyandottes ou Bourbonnaises de 4 livres 1/2 pondant 50 œufs par jour.

11° Quel est le coût de cette nourriture si la pâtée vaut 120 fr. les
    100 kgs et le grain 80 fr. les 100 kgs ?
        Quel est le bénéfice si les œufs sont vendus 0 fr. 50
    pièce ? (décomposer par race).

12° Pourquoi les moyennes de tous les concours de ponte sont-elles
    inférieures à celles que les aviculteurs instruits obtiennent
    chez eux ? Développez ?

13° Comment procédez-vous pour obtenir une moyenne journalière
    de ponte élevée ?

14° Quelles précautions prend-on : 1° pour amener graduellement
    les poulettes à la grande ponte ? 2° pour prolonger la ponte
    en automne ?

15° Quels avantages donnent les poulettes pondeuses nées avant
    la saison ?

16° Comment procéderez-vous pour avoir constamment de la
    verdure pour vos pondeuses ? Quelle verdure ?

17° Comment tenir les coquelets et coqs futurs reproducteurs ?

18° Comment veillerez-vous à ce que les coqs qui accompagnent
    les poules mangent suffisamment de grains ?

19° Quelles sont les meilleures femelles à employer comme repro-
    ductrices ?

20° Alimentation du poulailler des reproducteurs ?

21° Alimentation des volailles en mue ?

22° Présentez vos observations personnelles.